BEI GRIN MACHT SICH IHR WISSEN BEZAHLT

- Wir veröffentlichen Ihre Hausarbeit,
  Bachelor- und Masterarbeit

- Ihr eigenes eBook und Buch -
  weltweit in allen wichtigen Shops

- Verdienen Sie an jedem Verkauf

Jetzt bei www.GRIN.com hochladen
und kostenlos publizieren

Bibliografische Information der Deutschen Nationalbibliothek:

Die Deutsche Bibliothek verzeichnet diese Publikation in der Deutschen National-
bibliografie; detaillierte bibliografische Daten sind im Internet über http://dnb.d-
nb.de/ abrufbar.

Impressum:

Copyright © 2010 GRIN Verlag, Open Publishing GmbH
Druck und Bindung: Books on Demand GmbH, Norderstedt Germany
ISBN: 9783668249851

Dieses Buch bei GRIN:

http://www.grin.com/de/e-book/166050/molare-reaktionsgroessen-heizwert-und-
der-satz-von-hess-chemie-12-klasse

Angelina Schulz

Molare Reaktionsgrößen, Heizwert und der Satz von Hess (Chemie, 12. Klasse)

GRIN Verlag

GRIN - Your knowledge has value

Der GRIN Verlag publiziert seit 1998 wissenschaftliche Arbeiten von Studenten, Hochschullehrern und anderen Akademikern als eBook und gedrucktes Buch. Die Verlagswebsite www.grin.com ist die ideale Plattform zur Veröffentlichung von Hausarbeiten, Abschlussarbeiten, wissenschaftlichen Aufsätzen, Dissertationen und Fachbüchern.

Inhaltsverzeichnis

1 Klassenanalyse

Die Klasse 12 habe ich in den vergangenen fünf Wochen im Rahmen meines Zweiten Blockpraktikums in mehreren Unterrichtsfächern beobachten können und zusätzlich auch selbst unterrichtet. In Gesprächen mit den jeweiligen Fachlehrern war es mir dabei möglich, einen Überblick über die schulischen Fähigkeiten und Eigenheiten der Lerngruppe zu bekommen.

Der Chemiekurs der 12. Klasse setzt sich aus 15 Schülerrinnen und 4 Schülern zusammen. Die Schüler sind ruhig und zurückhaltend. Das soziale Klima der Klasse ist aufgeschlossen. Das Leistungsvermögen ist gut, das Beteiligungsverhalten durchschnittlich.

Trotz des theoretischen Themas der Unterrichtsreihe (Energetik chemischer Reaktionen) und der teilweise unglücklichen Lage der Kursstunden (Mittwoch, 7./8. Stunde) arbeiten und denken die Schüler zum Großteil gut mit und bringen immer wieder weiterführende Fragen in das Unterrichtsgespräch ein. Die bevorzugte Sozialform ist das Lehrer-Schüler-Gespräch. Durch die starre Sitzanordnung ist das Schüler-Schüler-Gespräch, insbesondere zwischen den vorderen und hinteren Reihen, nur erschwert möglich. Übungsphasen in Stillarbeit (in Partner- oder Einzelarbeit) werden gerne angenommen.

Für das Fach Chemie ergeben sich dabei folgende leistungsbezogene Abstufungen. Zu den Leistungsspitzen gehören Schülerin G, Schülerin C, Schülerin N und Schülerin D sowie Schüler F und Schüler L, wobei Schülerin G und Schülerin C in der mündlichen Beteiligung eher zurückhaltend sind. Diese sechs Schüler verfügen über ein komplexes Denkvermögen, bringen weiterführende Fragen ein und lösen Transferaufgaben.

Ebenfalls durch gute Leistungen überzeugen Schülerin O, Schülerin A, Schülerin Q, Schülerin H, Schülerin K, Schüler E und Schüler J. Sie beteiligen sich regelmäßig am Unterricht und weisen durch ihre Antworten ein gutes Verständnis für die Thermodynamik nach.

Zu den eher schwachen Schülern gehören Schülerin M, Schülerin B und Schülerin P, wobei die beiden letztgenannten sich verstärkt am Unterrichtsgespräch beteiligen. In Phasen der Wiederholung oder Hausaufgabenkontrolle werden diese Lernenden verstärkt herangezogen, um ihnen Erfolgserlebnisse zu verschaffen und ihre Motivation zu steigern. Die schwache Beteiligung von Schülerin M ist zum Teil auf ihre Außenseiterposition im Klassenverband zurückzuführen. Abschließend sind noch Schülerin P und Schülerin I zu nennen, die zwar schriftlich zu überzeugen wissen, im mündlichen Bereich aber fast nie aktiv werden.

Das besondere Interesse und die anzuerkennenden Fähigkeiten im Umgang mit Schülerexperimenten sind bei allen hervorzuheben. Generell sind auch alle in der Lage, eigenständig Versuche aufzubauen und durchzuführen. Das selbstorganisierte und selbstregulierende Lernen ist bei den Schülern sehr beliebt und fördert die Eigenständigkeit der Schüler.

2. Darstellung des Lektionsentwurfs

Im folgenden Kapitel soll ein ausführlicher Lektionsentwurf einer gehaltenen Unterrichtsstunde dargestellt werden. Das Kapitel wird mit der Sachanalyse molaren Reaktionsgrößen und zum Satz von Hess beginnen, auch der Heizwert soll in der Sachanalyse thematisiert werden. Anschließend wird sich die didaktische Analyse anschließen sowie die Darstellung der Lernziele, die der Stunde zu Grunde liegen. Im Anschluss werden die didaktisch-methodischen Überlegungen und die detaillierte Darstellung der Verlaufsplanung folgen. Den Abschluss wird die Auswertung der gehaltenen Stunde bilden.

2.1 Sachanalyse

Molare Reaktionsgrößen

Reaktionsenergie und *Reaktionsenthalpie* sind *Zustandsgrößen* und gleichzeitig extensive Reaktionsgrößen, d.h. je größer die in der Reaktion umgesetzten Stoffmengen der Ausgangsstoffe sind, umso größer wird auch die jeweilige Reaktionsenergie $\wedge$ru bzw. Reaktionsenthalpie $\wedge$rh.

Durch Division der einzelnen Reaktionsenthalpien durch die jeweils erhaltende Stoffmenge des Reaktionsproduktes ergibt sich die *molare Reaktionsenthalpie*. Sie ist eine intensive Größe, die durch einen Großbuchstaben symbolisiert wird: $\wedge$rH

$$\wedge rH = \frac{\wedge rh}{n}$$

Molare Bildungsenthalpie:

Die Angabe von Reaktionsenthalpien ist nur eindeutig, wenn zugleich die Reaktionsgleichung angegeben wird. Je nach der formulierten Reaktionsgleichung reagieren bei 1 mol Formelumsatz ganz unterschiedliche an Ausgangsstoffen miteinander.

Um Reaktionsenthalpien beliebiger chemischer Reaktionen einfach berechnen zu können, ist es erforderlich, geeignete charakteristische Größen für die einzelnen, an den Reaktionen beteiligten Stoffe zur Verfügung zu haben. Solche charakteristischen Größen sind die *molaren Bildungsenthalpien* $\wedge$BH der Stoffe. Sie gelten für die *Bildungsreaktion* der Stoffe.

Für das Aufstellen der Reaktionsgleichung der Bildungsreaktion eines Stoffes wurde festgelegt:

- Auf der rechten Seite der Reaktionsgleichung steht nur der gebildete Stoff mit der Stöchiometriezahl 1.

- Auf der linken Seite der Reaktionsgleichung stehen nur die Elementsubstanzen in der unter den Reaktionsbedingungen stabilen Form, aus denen der gebildete Stoff besteht.

Durch diese Festlegung ist es möglich, bei der Angabe der Reaktionsenthalpie eines Stoffes auf die zugehörige Reaktionsgleichung zu verzichten.

Beispiel: Oxidation von Aluminium

$$4\,Al + 3\,O_2 \rightarrow 2\,Al_2O_3 \qquad \text{-3352 kJ/mol}$$

$$2\,Al + 3/2\,O_2 \rightarrow Al_2O_3 \qquad \text{-1676 kJ/mol}$$

$$Al + \tfrac{3}{4}\,O_2 \rightarrow \tfrac{1}{2}\,Al_2O_3 \qquad \text{-838 kJ/mol}$$

Die molare Bildungsenthalpie des Aluminiumoxids beträgt $\Lambda_B H\,(Al_2O_3) = -1676$ kJ/mol

Molare Verbrennungsenthalpie:

Eine weitere wichtige Reaktion ist die *Verbrennungsreaktion* eines Stoffes.

Für das Aufstellen der Reaktionsgleichung der Verbrennungsreaktion eines Stoffes wurde festgelegt:

- Auf der linken Seite der Reaktionsgleichung stehen der zu verbrennende Stoff mit der Stöchiometriezahl 1 und Sauerstoff.

- Auf der rechten Seite stehen die bei der Verbrennung des Stoffes mit einem Überschuss an Sauerstoff entstehenden Reaktionsprodukte.

Die molare Verbrennungsenthalpie des Aluminiums beträgt $\Lambda_V H\,(Al) = -838$ kJ/mol

Molare Standardbildungsenthalpie:

Molare Reaktionsenthalpien sind von Druck, Temperatur, Aggregatzustand und Modifikation der Reaktionsteilnehmer abhängig. Deshalb müssen die Bedingungen angegeben werden, für die die Tabellierung vorgenommen wird. Tabelliert werden meist die Werte bei Standardbedingungen: 25°C (T = 298 K)

P = 101,3 kPa

Standardgrößen werden mit dem Index ° gekennzeichnet.

4

Molare Stabdardreaktionsenthalpien sind im Tafelwerk aufgelistet.

Heizwerte:

Für technische Belange lassen sich molare Reaktionsenthalpien nur schlecht verwenden. Auf Masse bzw, Volumen bezogene Größen sind deutlich besser geeignet als molare Größen. Anstelle der molaren Verbrennungsenthalpien werden für Brennstoffe und Treibstoffe vielfach Heizwerte angegeben. Bei flüssigen und festen Stoffen wird der Heiwert von jeweils einem Kilogramm tabelliert.

Der Heizwert fester und flüssiger Brennstoffe ist eine spezifische Größe. Im Gegensatz zu molaren Reaktionsenthalpien exotherm verlaufender Reaktionen werden Heizwerte mit positivem Vorzeichen angegeben.

Der *untere Heizwert Hu* eines Bennstoffes bezeichnet die bei der Verbrennung abgegebene Wärme je Masse bzw. Volumeneinheit, wenn das durch die Verbrennung entstehende Wasser im gasförmigen Zustand vorliegt.

In Heizkesseln mit der so genannten Brennwerttechnik werden die Verbrennungsgase so tief abgekühlt, dass der Wasserdampf im Heizkessel kondensiert. Die freiwerdende Kondenationswärme des Wassers wir ebenfalls für die Heizung genutzt. Der *obere Heizwert Ho,* auch *Brennwert* genannt, eines Brennstoffes bezeichnet Verbrennungswärmen für den Fall, dass das bei der Verbrennungsaktion gebildete Wasser im flüssigen Zustand entsteht. Die beim Kondensationsprozess des Wassers freigesetzte Wärme führt zu einem höheren Heizwert: Ho > Hu

Resümee: Heizwert und Brennwert unterscheiden sich darin, ob das Reaktionsprodukt Wasser nach der Verbrennung in gasförmiger Form (Heizwert) oder in flüssiger Form (Brennwert) vorliegt. Der Brennwert eines Stoffes ist größer als der Heizwert, weil durch die Kondensation des Wassers noch zusätzlich Energie frei wird.

Satz von Hess

Mithilfe der Kalorimetrie lässt sich eine Vielzahl von molaren Reaktionsenthalpien bestimmen. Auch die molaren Bildungsenthalpien vieler Stoffe sind durch kalorimetrische Untersuchungen experimentell ermittelbar. Es gibt aber auch eine große Anzahl chemischer

Reaktionen, die sich nicht in einem Kalorimeter durchführen lassen. Wie kann die Reaktionsenthalpie einer solchen chemischen Reaktion aber trotzdem ermittelt werden?

B.: Kohlenstoffmonoxid kann nicht aus den Elementen hergestellt werden. Der Kohlenstoff verbrennt sofort und vollständig zu Kohlenstoffdioxid.

$$C + O_2 \rightarrow CO_2 \qquad \Lambda bH = -394 \text{ kJ/mol}$$

Darüber hinaus kann Kohlenstoffmonoxid zu Kohlenstoffdioxid verbrannt werden.

$$CO + \tfrac{1}{2} O_2 \rightarrow CO_2 \qquad \Lambda vH = -283 \text{ kJ/mol}$$

Sowohl die Bildungenthalpie des CO_2 als auch die Verbrennungsenthalpie des CO sind experimentell bestimmbar.

Die chemische Reaktion der vollständigen Verbrennung von Kohlenstoff zu Kohlenstoffdioxid kann in zwei Teilschritten mit CO als Zwischenprodukt geteilt werden:

$$C + \tfrac{1}{2} O_2 \rightarrow CO \qquad \Lambda bH \text{ (CO)}$$
$$CO + \tfrac{1}{2} O_2 \rightarrow CO_2 \qquad \Lambda vH \text{ (CO)} = -283 \text{ kJ/mol}$$

$$C + O_2 \rightarrow CO_2 \qquad \Lambda bH \text{ (CO2)} = -394 \text{ kJ/mol}$$

Da eine Reaktionsetnhalpie nur vom Anfang- und Endzustand abhängt, ist naheliegend, dass die Summe der Reaktionsenthalpien für die Bildung und die Verbrennung von CO gliech der Bildungsenthalpie des CO_2 ist.

$$\Lambda bH \text{ (CO)} + \Lambda vH \text{ (CO)} = \Lambda bH \text{ (CO2)}$$

Damit kann die Standardbildungsenthalpie des CO berechnet werden:

$$\Lambda bH \text{ (CO)} = \Lambda bH \text{ (CO2)} - \Lambda vH \text{ (CO)}$$
$$\Lambda bH \text{ (CO)} = -394 \text{ kJ/mol} - (-283 \text{ kJ/mol})$$
$$\Lambda bH \text{ (CO)} = -111 \text{ kJ/mol}$$

Der Zusammenhang, dass Reaktionsenthalpien addiert werden können, wurde bereits 1840 vom schweizerischen Chemiker Hermann Heinrich Hess als Gesetz der konstanten Wärmesummen (Satz von Hess) formuliert.

Danach ist die Reaktionsenthalpie einer chemischen unabhängig vom Weg, auf dem die Reaktion verläuft. Die Reaktionsenthalpie hängt nur vom Ausgangs- und Endzustand der stofflichen Systems ab. Anzahl der Teilschritte spielt keine Rolle.

Mit dem Satz von Hess sind Berechnungen von Reaktionsenthalpien leicht möglich, die sonst nicht oder nur sehr schwer durch Messungen zugänglich sind.

2.2 Curriculare Einbindung der Unterrichtsstunde

Unterrichtseinheit: „Energetik chemischer Reaktionen"   ZRW: 20 Std.

Thema der Unterrichtsstunde	Didaktische und inhaltliche Schwerpunkte
1./2. Stunde: Einführung in die Thermodynamik	- Begriff Thermodynamik - offene, geschlossene und abgeschlossene Systeme - klare Abgrenzung der Begriffe (innere) Energie und Wärme - 1. Hauptsatz der Thermodynamik
3./4. Stunde: Schülerexperiment Magnesium + Salzsäure	- Unterscheidung Zustands- und Prozessgrößen - Planung und Durchführung eines Experimentes: Magnesium + Salzsäure - gemeinsame Auswertung und Fehleranalyse
5./6. Stunde: Herleitung Volumenarbeit und Planung eines Experimentes	- Energieformen - Herleitung der Volumenarbeit - Berechnung der Volumenarbeit bei der Reaktion von Magnesium + Salzsäure
7./8. Stunde: 1. Hauptsatz der Thermodynamik - Enthalpie	- 1. Hauptsatz der Thermodynamik - Änderung der inneren Energie - Volumenarbeit - Herleitung der Enthalpie - Grundlagen der Kalorimetrie - Bestimmung der Temperaturdifferenz bei der Kalorimetrie durch Extrapolation - Schülerexperiment: Reaktionsenthalpie bei der Bildung von Eisensulfid aus den Elementen
9./10. Stunde: Festigung – Reaktionswärme und Kalorimetrie	- Vertiefung: Grundlagen der Kalorimetrie - Berechnen der Reaktionsenthalpie bei der Reaktion von Magnesium mit Salzsäure
11./12. Stunde: bewertetes Schülerexperiment – Bestimmung der molaren Neutralisationsentahlpie	- Neutralisation: Natronlauge + Schwefelsäure

13./14. Stunde: Molare Reaktionsgrößen, Satz von Hess	**- molare Reaktionsgrößen** **- molare Bildungsenthalpie** **- molare Verbrennungsenthalpie** **- molare Standardbildungsenthalpie** **- Satz von Hess** **- Berechnen molarer Standardbildungsenthalpien**
15./16. Stunde: Standardreaktionsenthalpien; Heizwert, Brennstoffe, Verbrennung und Energie	- Berechnen von Reaktionsenthalpien nach Satz von Hess - Heizwert: oberer und unterer - Berechnung zu Heizwerten
17./18. Stunde: Verlaufsrichtung chemischer Reaktionen	- freie Energie - Entropie - Entropieänderung
19./20. Stunde: Freiwilligkeit	- 2. Hauptsatz der Thermodynamik - exergonische und endergonische Reaktionen - Zusammenhang Energetik und Gleichgewicht

2.3 Didaktische Analyse

Der sachsenanhaltinische Lehrplan Chemie sieht für die Klassenstufe 11 und 12 an Gymnasien als Unterrichtseinheit von 20 Stunden den Themenbereich „Energetik chemischer Reaktionen" vor.

Mit diesem Thema werden die energetischen Umwandlungen bei chemischen Reaktionen in den Vordergrund gestellt und an bedeutsamen Reaktionen aus Natur und Technik quantitativ betrachtet. Das Ziel der energetischen Betrachtungen ist die Antwort auf die Frage nach den Ursachen spontan ablaufender Reaktionen.

Ziel der Doppelstunde ist es, molare Reaktionsgrößen, wie die Bildungsenthalpie und die Verbrennungsenthalpie einzuführen, um dann mit Hilfe des Tafelwerks Reaktionsenthalpien jeder beliebigen Reaktion berechnen zu können. Hierzu wird der Satz von Hess als Sonderform des 1. Hauptsatzes erarbeitet, sodass im zweiten Teil der Stunde Berechnungen von Reaktionsenthalpien erfolgen können. Weiterhin ist die Erarbeitung des Begriffes „Heizwert" und die begrifflich exakte Darstellung geplant.

Das Thema „Energetik chemischer Reaktionen" führt die Schüler auf eine im Vergleich zu den Schuljahrgängen 7-10 höhere Abstraktionsebene zur Erklärung chemischer Phänomene in zunehmend komplexeren Zusammenhängen.[1] In die bereits aus dem Alltag und aus dem Chemieunterricht der Schuljahrgänge 7-10 bekannten Zusammenhänge wird in der Sekundarstufe II durch Anwendung differenzierter Modelle und quantitativer Betrachtungen tiefer eingedrungen. Das Thema trägt systematisierenden Charakter. Vorkenntnisse über anorganische Stoffe und organische Stoffe und deren Reaktionen, die im vorangegangenen Unterricht untersucht worden, werden aufgegriffen und vor dem Hintergrund ihrer energetischen Grundlagen vertieft und erweitert.[2]

In den didaktischen Grundsätzen ist zu finden, dass sich der Chemieunterricht an der gegenwärtigen Nutzung des Wissens in der Praxis zu orientieren hat. Der Chemieunterricht soll die Schüler befähigen, ihre natürliche, aber auch technische Umwelt aus naturwissenschaftlicher Sicht zu erschließen.[3] Alle diese allgemeinen Aufgaben und Grundsätze des Chemieunterrichtes lassen sich in der Doppelstunde „Molare Reaktionsgrößen, Satz von Hess und Heizwert" realisieren und finden Eingang in die Konzeption des Unterrichtes.

---

[1] Rahmenrichtlinien Chemie. Gymnasium. Schuljahrgänge 7-12. Hrsg. Von Kultusministerium Sachsen – Anhalt. 2003. S. 7
[2] Vgl. ebd. S. 11
[3] Vgl. ebd. S. 18

Der Themenkomplex „Energetik chemischer Reaktionen" wurde bereits 12 Stunden unterrichtet. Den Schülern sind die Grundbegriffe der Thermodynamik vertraut. Sie können die Begriffe innere Energie und Wärme voneinander abgrenzen, können Zustands- und Prozessgrößen unterscheiden, beherrschen die Grundlagen der Kalorimetrie und sind in der Lage Reaktionsenthalpien experimentell mit Hilfe eines Kalorimeters zu bestimmen und zu berechnen. In der letzten Doppelstunde wurde eine bewertetes Schülerexperiment durchgeführt, hier sollten die Schüler die Neutralisationsenthalpie bei der Reaktion von Natronlauge mit Schwefelsäure durch kalorimetrische Bestimmung errechnen. Die benoteten Protokolle werden zu Beginn der Stunde zurückgegeben. In den abschließenden 6 Stunden dieser Stoffeinheit wird noch auf die freie Energie und auf die Entropie eingegangen und der 2. Hauptsatz der Thermodynamik eingeführt. Eine Gegenüberstellung Energetik und chemisches Gleichgewicht systematisiert und strukturiert das gelernte Wissen. Die Einheit „Energetik chemischer Reaktionen" wird mit einer Klassenarbeit abgeschlossen, deren Bestandteil auch ein Schülerexperiment sein wird.

Das Lehrbuch[4] behandelt das Thema „Molare Reaktionsgrößen und Satz von Hess" ausführlich, so dass es gut mit in den Unterricht integriert werden kann. Nur zum Heizwert bietet das Lehrbuch nur knappes Überblickswissen und geht nicht weiter auf den Vergleich Heizwert – Verbrennungsenthalpie ein. Hier ergab sich für mich eine Schwierigkeit, da ich besonderen Wert sowohl auf die Bedeutung von Heizwerten als auch auf den Zusammenhang zwischen Heizwert und molarer Verbrennungsenthalpie legen wollte. Daher habe ich selbst einen Sachtext aus unterschiedlichen Lehrbüchern zusammengestellt, um einen möglichst informativen und lehrreichen Text zu verfassen. Der Sachtext geht umfangreich auf die begrifflichen Bestimmungen ein und gibt weiterhin Auskunft über die technische Bedeutung von Heizwerten. Dabei sichern anschauliche Bilder die Schülerorientierung. Diese Aufbereitung fördert die Freude am Lesen und so die Bereitschaft, sich überhaupt mit dem Text auseinander zu setzen.

---

[4] Physikalische Chemie. Chemie und Umwelt. Lehrbuch für Sekundarstufe II. 2. Auflage. Berlin: Volk und Wissen Verlag 1995

2.4 Lernziele

Die Schüler sollen

- die Begriffe molare Verbrennungsenthalpie und Bildungsenthalpie definieren können
- wissen, was unter Standardbedingungen verstanden wird
- sicher im Umgang mit dem Tafelwerk sein (sie sollen in der Lage Standardbildungsenthalpien herauszusuchen)
- nach dem Satz von Hess Standardbildungsenthalpien selbst berechnen können
- Standardreaktionsenthalpien jeder beliebigen Gleichung berechnen können
- sich die Begriffe oberer, unterer Heizwert und Brennwert anhand eines Textes selbstständig erarbeiten und den Zusammenhang zur Verbrennungswärme herstellen
- (die Schüler sollen Aufgaben zum Heizwert berechnen können)
- (in einem Abschlussspiel ihr Wissen unter Beweis stellen)

2.5 Didaktisch – methodische Überlegungen

Zu Beginn der Stunde werden die bewerteten Schülerprotokolle zurückgegeben und ausgewertet. Da die Schülerarbeiten durchweg positiv bewertet werden konnten, stelle ich die Auswertung an den Anfang der Stunde, um die Schüler zu motivieren. Einige Probleme traten bei der halbquantitativen Fehleranalyse auf, so dass diese zur Ergebnissicherung noch einmal durchgenommen wird und zusammenfassend auf einer Folie festgehalten wird. So haben die Schüler eine vollständige Fehleranalyse in ihren Heftern und können ihre Fehlerschwerpunkte nachvollziehen.

Um die Schüler auf den Stundeninhalt einzustimmen und für die Auseinandersetzung mit dem Thema zu motivieren, gebe ich eine ausführliche Zielorientierung für die Stunde. Dabei soll nun nicht mehr, wie in den vergangenen Stunden, die Berechnung von Reaktionsenthalpien mit Hilfe kalorimetrischer Bestimmungen im Mittelpunkt stehen, sondern ganz besonders soll in dieser Stunde die Berechnung von Reaktionsenthalpien mit Hilfe des Satzes von Hess erlernt werden um molare Reaktionsenthalpien jeder beliebigen Reaktion berechnen zu können.

Anschließend werden in einer arbeitsteiligen Stillarbeit zum einen die Begriffe „molare Bildungsenthalpie", zum anderen „molare Verbrennungsenthalpie" erarbeitet. Hierzu eignet sich das Lehrbuch, da es ausgezeichnet über diese beiden speziellen Reaktionsenthalpien informiert und an Beispielreaktionen die Unterschiedlichkeit verdeutlicht. Ein an der Tafel festgehaltener Arbeitsauftrag leitet die Schüler zu selbstständigen Arbeiten an und verlangt die Zusammenfassung der Informationen aus dem Text zu einer möglichst knappen Definition. Zur Ergebnissicherung dient eine Folie, auf der die Definitionen aufgedeckt werden können und dann von den Schülern mit ihren Begriffsbestimmungen verglichen werden und ergänzt werden können. Im Anschluss sollen die Schüler mit dem Tafelwerk arbeiten und tabellierte Standardbildungsenthalpien heraussuchen. Dabei nehme ich bewusst solche Stoffe, die zum einen in unterschiedlichen Aggregatzuständen ausgewiesen sind (z.B. Wasser), um auf die unterschiedlichen Werte aufmerksam zu machen, zum anderen nehme ich Elemente vorliegen (z.B. Iod), um die willkürliche Setzung eines Nullpunktes herauszustellen. Enthalpien können nicht als absoluter Energiewert bestimmt werden.

In einer weiteren Erarbeitungsphase wird der Satz von Hess als eine besondere Form des 1. Hauptsatzes der Thermodynamik herausgearbeitet. Hierzu dient das Lehrer – Schüler – Gespräch. Durch Fragen und Impulse werde ich die Schüler zu selbstständigem und problemlösendem Denken anregen und gemeinsam die Bedeutung des Satzes von Hess erarbeiten. Unter Anwendung des Satzes von Hess lässt sich die molare

Standardreaktionsenthalpie einer beliebigen chemischen Reaktion aus den tabellierten molaren Standardbildungsenthalpien der Ausgangsstoffe und der Reaktionsprodukte berechnen.

In einer anschließenden stillen Einzelarbeit füllen die Schüler ein Arbeitsblatt aus. Hierbei sollen die Schüler zu drei verschiedenen Reaktionen die Standardreaktionsenthalpien berechnen. Die Kontrolle erfolgt mittels Kontrollfolie.

Weiterhin ist noch die Behandlung des Heizwertes vorgesehen. Hier sollen sich die Schüler anhand einer „Voraus-organisierten Lesehilfe" die Begriffe oberer und unterer Heizwert und Brennwert erarbeiten. Da die Schüler im Anschluss an diese Erarbeitungsphase Berechnungen mit Heizwerten durchführen sollen, brauchen sie Informationen über die Bedeutung von Heizwerten in der Technik. Da das Buch nicht ausreichend auf diesen Bereich eingeht, habe ich selbst einen Text aus unterschiedlichen Lehrbüchern zusammengestellt, um einen möglichst informativen und lehrreichen Text zu verfassen. Die Schüler sollen anhand des Materials einen Zusammenhang zwischen Heizwert und molarer Verbrennungswärme herausarbeiten.

Als didaktische Reserve ist ein Wettspiel vorgesehen, in dem zwei Gruppen versuchen so viele Punkte wie möglich zu erreichen. Das Spiel ist ähnlich wie das ehemalige Jeopardy aufgebaut und dient zur Festigung des Unterrichtsinhaltes.

Die Auswertung der Stunde wird durch mich und durch die Schüler vorgenommen. Während ein Schüler die erreichten Ziele einschätzt, werde ich mich stärker auf die Mitarbeit der Schüler während des Unterrichtes konzentrieren. So erhalten die Schüler eine umfassende Rückmeldung über ihren Lernerfolg.

2.6 Kritische Analyse und Auswertung

Die Zielorientierung zu Beginn der Stunde erwies sich als positiv, da die Schüler den roten Faden nachvollziehen konnten. Da es aus organisatorischen Gründen nicht möglich war, eine Schülerexperiment in den Unterricht einzubauen, war die gesamte Doppelstunde sehr theorielastig. Ich habe versucht durch abwechslungsreiche Methoden und vielfältigen Medieneinsatz Abwechslung zu schaffen und so die Schüler zu motivieren. Dadurch, dass die Unterrichtsstunde konsequent gegliedert war und die einzelnen Unterrichtsschritte gut strukturiert waren, half es den Schülern sich zu orientieren.

Besser wäre es gewesen, die Unterrichtsstunde mit einem schülerorientierten und erfahrungsweltbezogenen Einstieg zu beginnen. Ein Bezug auf die Erfahrungswelt hätte das doch sehr theoretische Thema aufgelockert und die Schüler hätten sich aktiv in dieser Einführungsphase beteiligen können.

Im Hauptteil ging es vor allem um die Erarbeitung des neuen Stoffes. Lehrer- Schüler-Gespräche dienten der gemeinsamen Stofferschließung, während die Stillarbeit zur Übung und Festigung des Erlernten dienten. Die Tafel wurde als Medium gezielt mit einbezogen und ich entwarf anhand der Aussagen der Schüler ein klares, übersichtliches und einprägsames Tafelbild.

Ich sorgte für einen abwechslungsreichen Medieneinsatz. So verwendete ich neben der Tafel noch den Overhead- Projektor und stellte mit Hilfe von Sachtexten und Arbeitsblättern gute Lernhilfen zur Verfügung.

Während des ganzen Unterrichtes habe ich versucht, eine gewisse Lehrerzentrierung zu vermeiden. Ein Wechsel von lehrerzentrierten und schülerzentrierten Tätigkeiten war mir wichtig. Nach der Erarbeitungsphase im Schüler – Lehrer – Gespräch, hatten die Schüler immer die Möglichkeit in selbstständigen Übungen ihr erworbenes Wissen anzuwenden. Hier stellte ich Aufgaben zur Verfügung, an denen die Schüler alleine oder in Partnerarbeit weitestgehend selbst arbeiten konnten. Die vom Plenumunterricht abweichende Sozialform gab Impulse zum selbstständigen Arbeiten der Schüler und motivierte diese in hohem Maße. Die Schüler fühlten sich einbezogen, was an der regen Mitarbeit bei der Ergebnissicherung erkennbar war. Kritisch anzumerken ist jedoch, dass das geplante Lehrer – Schüler – Gespräch in den Erarbeitungsphasen mehr und mehr durch mich gelenkt wurde. Dies geschah aus zeitlichen Gründen, um den Unterrichtsverlauf voranzutreiben. Denn schon nach der ersten Stunde der Doppelstunde lag ich nicht mehr im Zeitplan. Dadurch wirkte die gesamte Stunde leider etwas gehetzt.

Um die Motivation hoch zu halten habe ich mich entschieden, anstatt des Heizwertes, am Ende der Stunde ein Wettspiel zu spielen, in dem zwei Gruppen versuchen so viele Punkte wie möglich zu erreichen. Ich habe nicht erwartet, dass das Spiel auf so viel Begeisterung stößt. Die Schüler fanden sich schnell in zwei Gruppen zusammen und versuchten mit Eifer und Freude, Punkte zu erzielen. Durch die Rückkopplungen der Schüler nach der Stunde, bleibt für mich festzuhalten, dass ein Spiel den Unterricht bereichert und die Schüler in hohem Maß motiviert.

Alles in allem konnte ich die meisten Lernziele der Stunde erreichen. Die Schüler kennen die molaren Reaktionsgrößen „molare Verbrennungsentahlpie" und „molare Bildungsenthalpie", wissen was unter Standardbedingungen verstanden wird, sind sicher im Umgang mit dem Tafelwerk und können Reaktionsenthalpien nach dem Satz von Hess berechnen. Aus zeitlichen Gründen ließ sich leider der ganze Komplex zum Heizwert nicht realisieren, so dass die vorgesehenen Lernziele in diesem Bereich nicht erreicht werden konnten.

3. Literaturverzeichnis

Chemie für Gymnasien. Klasse 11. Berlin: Cornelsen Verlag 2001

Chemie heute. Sekundarbereich II. Hannover: Schrödel Verlag 1998.

Demuth, Reinhard; Parchmann, Ilka; Ralle, Bernd: Chemie im Kontext. Sekundarstufe II. Berlin: Cornelsen Verlag 2006.

Grothe, Karl-Heinz: Chemie. Ein Lehr- und Arbeitsmittel mit mehr als 300 Abbildungen für die Sekundarstufe I. Hannover: Schroedel Verlag 1976.

Kemnitz, Erhard; Simon, Rüdiger: Duden Chemie. Gymnasiale Oberstufe. Berlin/Frankfurt: Duden Paetec Schulbuchverlag 2005.

Physikalische Chemie. Chemie und Umwelt. Lehrbuch für Sekundarstufe II. 2. Auflage. Berlin: Volk und Wissen Verlag 1995

Rahmenrichtlinien Chemie. Gymnasium. Schuljahrgänge 7-12. Hrsg. Von Kultusministerium Sachsen-Anhalt. 2003.

Rossa, Eberhard: Chemie Didaktik. Praxishandbuch für die Sekundarstufe I und II. Berlin: Cornelsen Verlag 2005.

Wünsch, Karl-Heinz: Wissensspeicher Chemie. Berlin: Volk und Wissen Verlag 1998.